U0342636

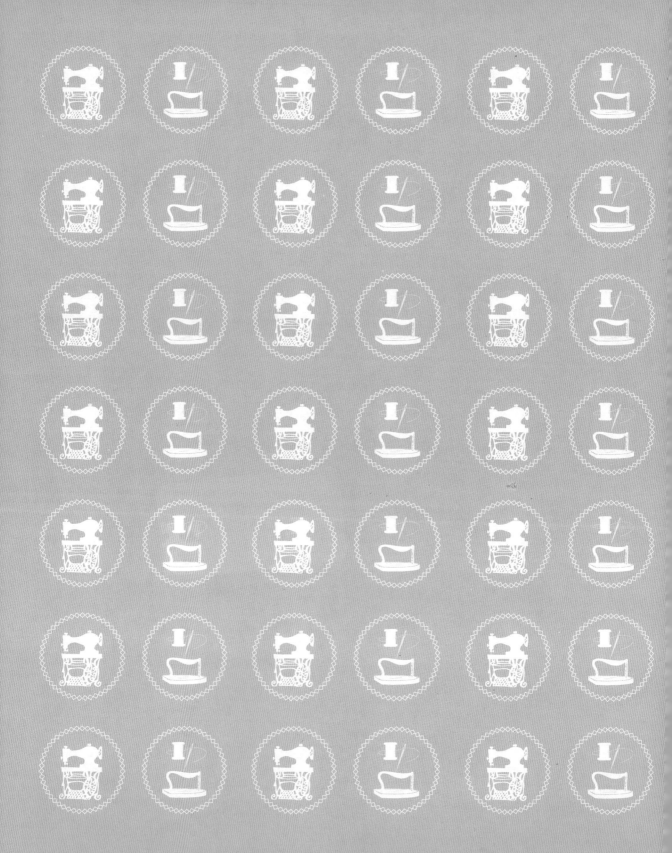

Delight in Knowledge

新 星 出 版 社　NEW STAR PRESS

悦知文化
Delight Press

超图解！

机缝双面包

25 款巧思独具的双面包百变登场！

只要有创意，做包也能天马行空，
且看五位手作达人如何繁中求简，简中求变，
共同激荡出突破框架的双面包，
让一种包款，拥有两种面貌、无限可能。

小白. 哈草薄荷猫. 黛小比. Amy. RuRu◎著
Hally Chen◎摄影

随书附赠
两大张
原寸纸型

# 企划的缘起

　　这要由一个不太规矩的念头说起，有次和朋友在闲聊一些五四三的八卦，聊着聊着扯到了职场中最令人厌恶的双面性格，齐说痛骂时，忽然一个很KUSO的念头从脑中闪过，人有双面性格，那包款当然也可以有双面啰！

　　虽然源自于一个KUSO的念头，但企划过程可是万分谨慎与认真，本想精挑细选一位手作达人来让这个企划发光，但在与多位作者讨论后，发现执行难度极高，虽然常在手作杂志及手作书中看到双面包，但大多只能见到一两款简易的包款，如果25款双面包全数都委托一位作者制作，如此超耗脑力的设计，可能会把作者整得不成人形。

　　为此小编调整了企划内容，改由五位手作达人共同参与，如此一来，不但不会过度折磨作者，也让这个企划的作品风格更丰富多元。更重要的是，本书让读者了解到原来双面包是可以玩得如此精彩，拥有这么多可能。一样的缝制时间，却让包包的实用度提升了两倍，搭配衣服的变化指数也是两倍喔！

　　谢谢Amy、RuRu、Catmint、小白、黛小比，是你们让本书可以在这么快的时间里顺利完成，不但款款都让人眼睛为之一亮，更惊艳于你们丰富的设计及配色功力，也期待未来我们能再一起合作，激荡出更多嘉惠读者的好书。

开始双面包设计的奇幻之旅吧……

*Contents*

*Contents*

## 怎么能不拥有一款
# 双面包？

这是一种尝试，一项挑战，一份折磨手作达人们的艰巨任务，

但成果是甜美的，是令人惊艳的。

从此双面包不再是杂志中偶然串场的作品，

而在繁多的手作包品项里，拥有了属于她的位置！

我最喜欢的包款是简易的托特包。

没有过度复杂的设计，而且不加拉链的那种。

一方面是个性使然，简单的东西总是比较吸引我；

一方面则是因为我的肩膀所能承受的重量有限，

背在肩上的包款会让我不舒服（至少得能背能提，背带太长也不行）。

因此我日常所使用的包包几乎都是托特包。

理所当然地，

当编辑提出这次的双面包企划时，我便决定设计自己平日也会使用的手提款式。

双面包其实是种很方便的设计，

可以随着心情、当日穿着或包包功能来决定要让哪一面露脸。

偶尔来点清新自然风，或突然换换活泼路线都可以，自己开心就好！

这次设计的双面包，

分别有正方底、半圆弧形、长方底、扁包和圆底五个完全不同的包款。

这些都是我喜欢的包，也许也会是你喜欢的包。

有兴趣的话，赶快动手试试看，只要花一个下午的时间，

就可以让你拥有一个实用的双面包啰！

小白

关于Masaeshiro。

小白

2007年按下鼠标购得简易缝纫机后，
便一头栽入自学摸索的手作世界。
2008年与朋友一起经营巷弄行动咖啡甜点车，
贩售起以masaeshiro为品牌的手作布小物；
2009年12月在家开始了手作教学。
偏好以点点、条纹、格子等元素，
创作耐人寻味的简单清新布作。

Book |《25款预约幸福的手作》、
《窥看. 手作达人的包包私密》、
《点点. 条纹. 格子：masaeshiro的简单. 清新生活布作》
Blog | 巷弄里的哒哒声
http://blog.yam.com/uneruellecalme

## 正方底装多多托特包

每次前往小南风教课，我都会尽可能带齐所有手作工具，

因为很怕突然少了什么而耽搁到大家的进度。

因此，拥有一个好看又大容量的包包是必须的事，

而这个正方底托特包正是为自己量身订作的款式。

大大的包型搭配小小的提把，是我喜欢的型。

可随需求选择手提或肩背，

未使用的一边也有装饰的效果呢！

12

HOW TO MAKE P.24

换上绳编提把，让包有了不同的味道。

## 长方底反折点
## 点托特包

我对于浅浅的长方形包款一向无法抗拒。
　　即使大家都说这样的包不安全、不实用，
　　我还是想要提着它出门去。
一个人野餐的时候，这样大小的包包刚刚好，
　　回程时换上可拆式提把，我希望它变成另一种面貌。

# 轻轻松松
# 手提扁包

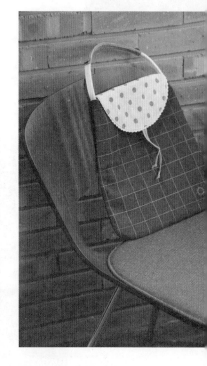

不需要携带过多物品外出时，手提式扁包就是我的最佳选择。

HOW TO MAKE P.26

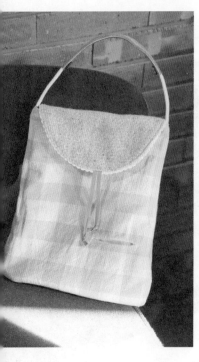

逛书店的时候,

我通常只会带着最低限度的必需品,

不让过重的随身物影响寻宝的乐趣。

像这样轻薄的扁包,

最适合特地前往书店的小日子。

# 圆滚滚
# 束口金鱼缸包

这构想来自于
某日映入眼帘的金鱼缸。
圆圆又饱满的袋身，
加上如波浪般的束口袋口，
可爱又讨喜，
让我忍不住
想提着它到公园散步去。

使用另一面时，可松开绳
结，由穿绳洞口将束口绳穿
到另一头再打结即可。

HOW TO MAKE P.28

# 立体圆弧
# 帆布包

虽然，我很容易把白色物品弄脏，却又非常渴望拥有一个白色包包。
心想也许有了它，我会更加小心谨慎，不让脏污破坏了它的美。

HOW TO MAKE P.30

e.
立体圆弧帆布包

大容量的包包，可以陪着我来场小旅行！

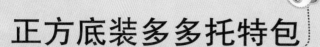

# 正方底装多多托特包

**材料：**（含缝份1cm）

- 表袋身
  大水玉帆布32cm×62cm×2片
  厚衬32cm×62cm×2片
- 里袋身
  自然棉麻布32cm×62cm×2片
  厚衬32cm×62cm×2片
- 表袋底
  卡其久袋布32cm×32cm×1片
  厚衬32cm×32cm×1片

- 里袋底
  自然棉麻布32cm×32cm×1片
  厚衬32cm×32cm×1片
- 底板
  硬质塑胶版29cm×29cm×1片
  可可色棉布60cm×31cm×1片
- 短提带
  细条纹棉布26cm×8cm×4片
  粗棉绳0.7cm×26cm×2条

- 长提带
  以碎布拼接成60cm×8cm布块×2条
  薄衬60cm×8cm×2片
- 其他
  布标×1片
  薄衬适量（裁成M和5）

＊请先将所有衬烫贴在布料背面。

**做法：**（完成尺寸：30cm×30cm×30cm）

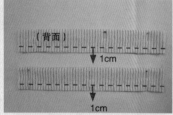

01 制作短提带：将两片细条纹
   棉布重叠对折，车缝一边
   （共两条）。

※因此棉布较薄，故重叠两片使用。

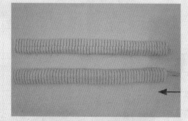

02 提带翻回正面后塞入棉绳（不
   需整烫），并让车缝处置中。

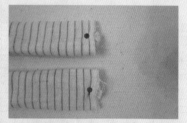

03 将两端的棉绳与棉布以手缝
   固定于正中间。

04 将裁成M和5的薄衬烫贴于
   表袋身的大水玉上（位置随
   意）。

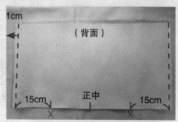

05 将表袋身的两片帆布正面相
   对，车缝两边后，在下方正
   中央、左右车缝线算起15cm
   处以消失笔做记号（后片
   亦作上记号）。接着在距离
   15cm的四个点各剪一刀，深
   约0.8cm，并烫平两边缝份。

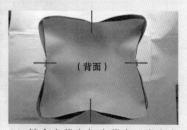

06 缝合表袋身与表袋底。先在表
   袋底四边的正中间处分别做上
   记号，接着以珠针别好袋身与
   袋底做上记号的四个点（四针
   即可，勿多别）。

07 如图示步骤缝合袋身与袋底。快车到每个转角时，将剪开的布分
   别往两边拉齐，尽量让针刚好停留在剪角（0.8cm深）的上端（即
   1cm处）再转弯车缝，如此一来便可车出完美的角。

08 剪去四个角，将缝份往两边烫
   平后翻回正面。

※ 里袋同步骤05～08制作，但在步
   骤05时需在侧边预留15cm返口。

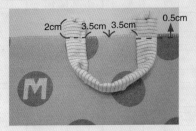

09 将两条短提带车缝固定在表袋袋口（距正中间3.5cm处）。

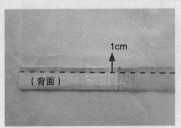

10 制作长提带。将拼接好的长提带正面相对，对折后车缝一边（共两条）。

11 以熨斗烫开缝份，并让缝份置于正中间。

12 将提带翻回正面后再次整烫（车缝线置于正中间）。

13 将提带两端各往后（车缝线的一边）内折1cm烫平。

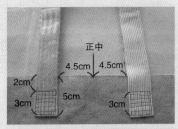

14 将两条长提带车缝于里袋袋口。

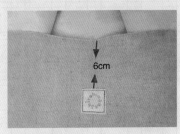

15 接着在里袋侧边车上布标。

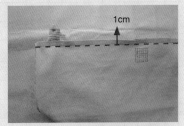

16 将表袋套入里袋中，正面相对，长短提把位置错开，以珠针固定后，车缝袋口一圈。

17 从返口翻至正面后，距布边0.2cm压缝袋口一圈，再以藏针缝缝合返口。

18 制作底板。棉布正面相对对折后，车缝两边。

19 翻至正面，袋口往背面内折1cm烫平后，塞入塑胶板。

20 最后以藏针缝缝合袋口即可。
※ 底板可置于袋底，放重物时也可保持袋底形状。

# 长方底反折点点托特包

**材料：**（含缝份1cm）

- 表袋身
  亚麻条纹布58cm×43cm×1片
  厚衬56cm×43cm×1片
- 里袋身
  蓝底白点点棉布58cm×43cm×1片
  厚衬56cm×43cm×1片
- 短提带
  咖啡色（紫）棉布30cm×8cm×2片

- 可拆式提带
  粗编织棉绳36cm×2条
  细麻编绳12cm×2条
  灰色不织布3.5cm×3.5cm×4片
- 其他
  灰色不织布（小口袋）约5cm×7cm×1片（随意裁斜边）
  手缝磁扣直径1cm宽×1组
  大木扣×2颗

＊请先将所有厚衬烫贴在布料背面。

**做法：**（完成尺寸：高16cm×宽29cm×底12cm）

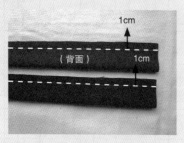

01 制作短提带。分别将咖啡色和紫色棉布对折后，车缝一边。

02 先将缝份移至正中心烫平。

03 再将提带翻回正面（车缝线置于正中），再次整烫。

04 在提带上随意压缝5道线。

05 将两条提带分别车缝在里袋身（前后各一条）。
※ 提带两端往背面内折1cm烫平。

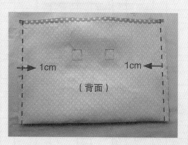

06 里袋布对折，正面相对，车缝两边。

 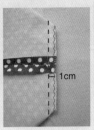 

07 抓底12cm车缝（共两边）。

08 留1cm缝份，剪掉其余的三角缝份后，锁布边。

09 在表袋条纹布上车缝不织布口袋，并在表袋袋口两端距布边2cm处分别手缝上磁扣的凹扣与凸扣。

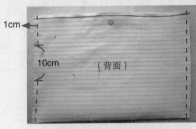  

10 表袋布对折，正面相对，一边预留返口10cm后，车缝两边。

11 抓底12cm后车缝。

12 预留1cm缝份，剪掉其余的三角缝份后，锁布边。

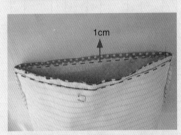  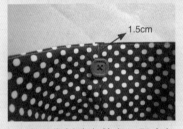

13 将里袋（点点布）套入表袋（条纹布）中，正面相对，对齐袋口后车缝袋口一圈。

14 由返口翻回正面后，在距布边0.2cm处压缝袋口一圈，接着以藏针缝缝合返口。

15 在里袋侧边各缝上一颗木扣（加强手缝使牢固）。

16 制作可拆式提带。将两条粗棉绳绳端以胶带固定后靠拢，两端各夹入一条对折的细麻编绳，以手缝方式不停穿缝缠绕粗绳与细绳，直至牢固为止。

※ 这是我自己发明的笨方法，参考就好，不一定要照着做。若照着做，请确保缝合牢固！

17 将两片不织布上下覆盖丑丑的手缝处，以平针缝缝合（共两端）。

25

参照原寸纸型B面

# 轻轻松松手提扁包

**材料：**（含缝份1cm）

- 表布
  深紫棉布（袋身）约32.5cm×29.5cm×2片
  白底紫色点点布（盖子）约13cm×22cm×1片
- 里布
  蓝白大格子（袋身）约32.5cm×29.5cm×2片
  粉红棉麻（口袋）20cm×10cm×1片
  灰色毛料布（盖子）约13cm×22cm×1片

- 提带
  2.5cm宽米色棉织提带38cm×1条
  咖啡细条纹布5cm×21cm×1片
  椰扣×2颗
- 其他
  浅咖啡棉织带0.6cm×16cm×2条
  蕾丝缎带约1cm×40cm×1条

＊袋身和盖子请参考纸型B面。

**做法：**（完成尺寸：30cm×27cm）

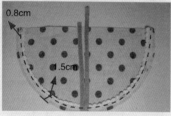

01 将蕾丝和棉织带车缝固定在表盖上（车好后将过长的蕾丝剪掉）。

※ 请依照自己希望蕾丝露出的多寡来决定车缝固定蕾丝的位置。

02 盖子表布和盖子里布正面相对，缝合弧边后剪牙口。

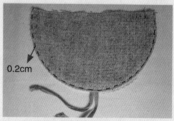

03 将盖子翻回正面整烫后，在距布边0.2cm处压缝。

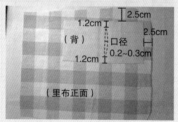

04 在里布上车缝隐形口袋。口袋用布与里袋身用布正面相对，在口袋用布约中央处车缝一略呈弧度的细缝。

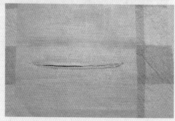

05 剪开车缝处（勿剪到车缝线）。

06 将口袋用布由洞口往后塞，正面袋口稍作整烫。

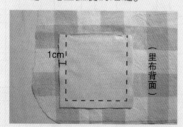

07 袋口整烫好后，将背面的口袋布对折缝合三边。

08 两片里布正面相对，预留返口约8cm～10cm，缝合三边后剪牙口。

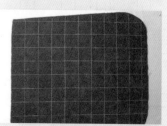

09 在其中一片表布画上3cm平方的格子。

10 两片表布正面相对，缝合三边后剪牙口。

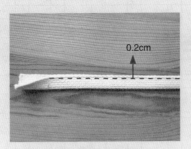

11 棉织提带对折后车缝。

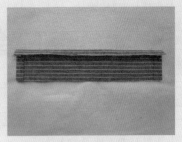

12 将咖啡条纹布的左、右、上三边分别往背面内折1cm后烫平。

13 将步骤12的条纹布包覆住棉织提带后车缝（置于正中央）。

14 将完成的提带车缝固定在表袋袋口的两端。

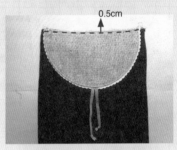

15 将完成的盖子在距布边0.5cm处车缝，固定在表袋后片袋口。

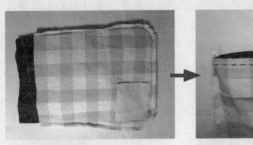

16 将翻至正面的表袋套入里袋中，正面相对，对齐袋口，车缝袋口一圈。由返口翻回正面后，以藏针缝缝合返口。

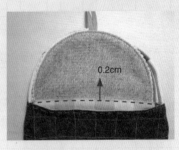

17 在袋口距布边0.2cm处压缝一圈。

18 最后在提带缝上椰扣装饰即完成。

参照原寸纸型B面

# 圆滚滚束口金鱼缸包

**材料：**（含缝份1cm）

- 表袋身
  蓝绿混毛料（表上）25cm×38.25cm×2片
  厚衬23cm×36.25cm×2片
  卡其系混毛料（表下）12cm×38.25cm×2片
  厚衬10cm×36.25cm×2片
  卡其系混毛料（表底）直径23.1cm的圆×1片
  厚单胶棉直径21.1cm的圆×1片
- 里袋身
  红底白点点布35cm×38.25cm×2片
  薄衬35cm×38.25cm×2片

蓝白条纹布（里底）直径23.1cm的圆×1片
厚单胶棉直径21.1cm的圆×1片

- 提带
  蓝白条纹布58cm×12cm×1片
- 其他
  蕾丝2.5cm×38.25cm×2条
  蓝红白缎带1cm宽×1小段
  束口用皮绳90cm×2条
  合成皮革（小口袋）约7×8cm×1片

＊圆底和合成皮革小口袋请参考纸型B面。
＊请先将所有衬和单胶棉烫贴在布料背面。

**做法：**（完成尺寸：高36cm×直径21cm圆底）

01 缝合表布上下片。

02 烫平背面缝份。

03 锁边两边束口处后，接着压缝上下片的接合处（距边0.2cm）。

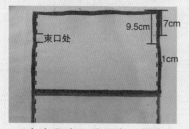
04 左右留束口处不车，缝合两片表布（正面相对）。

05 烫平两边缝份。

06 距接缝处0.2cm左右各压缝一道线（另一端做法相同）。

07 在束口处的上下以红线手缝，加强固定。

08 缝合表袋底与表袋身。

09 在缝份处剪一圈牙口后，以熨斗烫平两侧缝份。

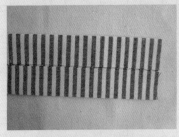

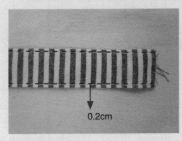

10 车缝提带。先将提带上下折 至中央处烫平。

11 再对折烫平后距布边0.2cm压 缝两道线。

0.2cm

12 提带两端内折1cm烫平， 车缝在表袋前后正中 央处。

13cm
3cm

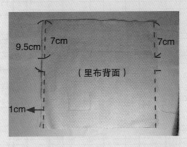

8.5cm
6cm

13 将随意裁好形状的合成皮革 车缝在里布上。

7cm    7cm
9.5cm
（里布背面）
1cm

14 左右留束口处不车，缝合两 片里布（正面相对）。

0.2cm

15 烫平缝份后，距接合处0.2cm 处压缝两道线（另一端做法 相同）。

16 将两条蕾丝的两端各折入 1cm，以卷针缝沿着蕾丝洞 将它缝在里袋的束口轨道上 （另一边先将蓝红白缎带以 珠针固定在下端后，再开始 手缝）。

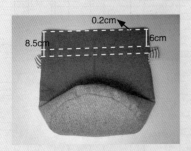

0.2cm
8.5cm    6cm

17 表袋与里袋袋口各往背面折烫1cm后，将里袋套入表袋中（背面 相对），距布边0.2cm处压缝袋口一圈后，再接着距袋口6cm及 8.5cm处各压缝一道线。最后分别将两条皮绳从两端束口洞口穿入 打结即完成。

※ 绳结不用打太紧！使用另一面时可松开结，由束口洞口穿到另一面 再打结。

参照原寸纸型B面

# 立体圆弧帆布包

**材料：**（含缝份1cm）

- 表袋身
  白色帆布约33cm×48cm×2片
- 里袋身
  桃红条纹约33cm×48cm×2片
  厚衬约33cm×48cm×2片
- 表侧幅
  白色帆布94.5cm×9cm×1片
  **（长度若多出再裁掉）**

- 里侧幅
  灰色棉布94.5cm×9cm×1片
  厚衬94.5cm×9cm×1片
- 提带
  浅蓝牛仔布113cm×12cm×2片
- 其他
  数字织带×1小段
  透明图样扣子×5颗

＊圆弧袋身请参考纸型B面。
＊请先将所有厚衬烫贴于布料背面。

**做法：**（完成尺寸：高31cm×宽46cm×底7cm）

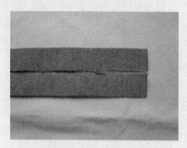

01 将提带用布两端折至正中间烫平（共两条）。

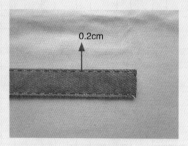

02 上下对折再次整烫后，距布边0.2cm压缝两端。

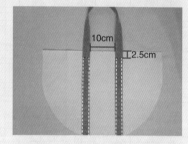

03 将提带车缝在表布的白色帆布上（共两组）。

04 在提带之间的正中央车缝上布标。

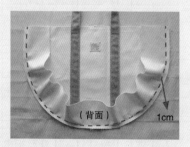

05 先缝合其中一片表袋身与表侧幅（正面相对）。

06 车缝上另一片表袋身。接着在圆弧处剪牙口。

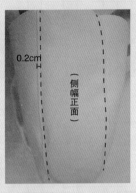

0.2cm

（侧幅正面）

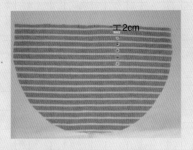

2cm

08 将数字织带与扣子缝在里布作为装饰。

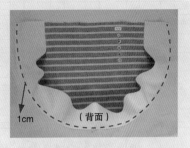

1cm

（背面）

09 缝合其中一片里袋身与里侧幅（正面相对）。

07 将表袋翻正，让里面的两边缝份都倒向侧幅背面后，沿着侧幅边各压缝一道线。

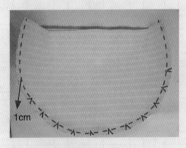

1cm

10 车缝上另一片里袋身，接着在圆弧处剪牙口。

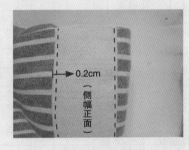

0.2cm

（侧幅正面）

11 将里袋翻正，让里面的两边缝份都倒向侧幅背面后，沿着侧幅边各压缝一道线。

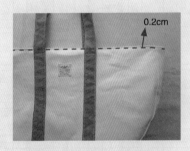

0.2cm

12 将表袋与里袋的袋口缝份各往背面内折1cm整烫后，里袋套入表袋中，背面相对，距布边0.2cm车缝袋口一圈即完成。

双面包，

同时拥有两种不同风情，

多么吸引人的包包呀！

喜欢玩手作，

就是喜欢它的随心所欲，

想玩什么样的包包，

就赋予它什么样的生命，

这就是玩手作的乐趣。

增加个口袋、车上蕾丝、绑个蝴蝶结，

你想如何变化出属于自己的包包呢？

快跟Catmint一起来玩双面包！

*Catmint*

关于Catmint。

李佩陵

喜欢玩玩布小物，
喜欢手作的乐趣，
喜欢完成作品时的小小喜悦。

Book |《温柔手感。机缝室内鞋》（2010年出版）
Blog | Love。Catmint. 哈草薄荷猫。
手作铺http://www.wretch.cc/blog/lovecatmint

# 金鱼
# 肚肚包

看似小巧的点点包,
却拥有大肚肚的容量,
装着满满的点心与快乐,
我们一起野餐去!

HOW TO MAKE P.44

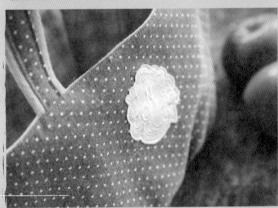

水玉及格纹，怎么搭配都好看，格纹抓褶，水玉抽细褶，即能变化出
不同的效果。

# 弯弯肩背
# 双面包

适合外出的周末, 拎着包包, 带着好心情, 逛逛书店、喝杯咖啡, 享受这悠闲的午后时光。

HOW TO MAKE P.47

弯弯蛋形包，多了柔和的圆弧，加上蝴蝶结更增添可爱风情。

# 缤纷花朵
# 双面包

春天的脚步近了，花朵正在盛开，蝴蝶蜜蜂正在飞舞，背着可爱又浪漫的双面包踏青去！

HOW TO MAKE P.49

# 棉麻围兜
# 双面包

加上刺绣与小纽扣的点缀，
像不像一件围兜兜呢？
翻个面、换个心情，
蕾丝口袋也很可爱呢！

运用同色系木扣及绣线，素雅中加入小巧思，变化出属于自己的可爱双面包。

HOW TO MAKE P.52

# 蓝色格纹
# 双面包

有时想要简单自然，有时想要率性大方，
简单或率性，都是自己喜欢的自己，
做一个同时拥有简单与率性的双面包吧！

固定扣的运用让包包有两面不同的风情，利用皮革搭配棉麻提把，背起包包更随性自在。

原是内口袋，翻个面成了具装
饰感的外口袋啰！

参照原寸纸型D面

# 金鱼肚肚包

**材料：**

- 外袋组合布A
  素色棉麻＋布衬43cm×6.5cm×2份
- 外袋组合布B
  格纹棉麻＋布衬59cm×17.5cm×2份
- 内袋布
  点点棉麻＋布衬43cm×22cm×2份
- 外袋底布
  素色棉麻＋布衬23cm×15cm×1份
- 内袋底布
  素色棉麻＋布衬23cm×15cm×1份

- 提把长布条
  素色棉麻5cm×45cm×2份
- 提把装饰布条
  点点棉麻3.5cm×45cm×2份
- 其他
  织带（2.5cm宽）45cm×2份
  蕾丝字母绣片×1片

**做法：**（完成尺寸：40cm×20cm×13cm）

01 先将所有的布料依纸型烫好衬并裁剪好，并做好中心与折线记号。

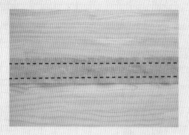

02 提把制作：长布条两片正面对正面，两侧长边缘车缝，头尾需回针。

03 将缝份烫开，并翻回正面再整烫一次，可利用穿带器辅助翻面。

04 以穿带器将织带穿过上步骤长布条，再整烫一次。

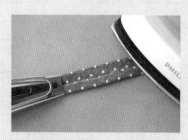

05 以18mm滚边器，将提把装饰布条整烫好。

06 将水溶性双面胶黏贴于步骤04的布条上，再将提把装饰布条置中对齐黏贴其上（也可以珠针或强力夹固定）。

07 提把装饰布左右两侧距边缘
0.2cm处车缝一道。

08 提把完成。

09 内袋制作：将蕾丝绣片车缝
于其中一片内袋布中心位置。

10 内袋布距离下缘0.2cm与
0.5cm处分别疏缝一道（将缝纫
机针距调大）；线头保留10cm
长度，利于下个步骤操作。

11 将两侧疏缝线的下线线头轻
轻拉紧，则可拉出细褶，原
长度43cm缩至长度37cm即
可，将线头打结。

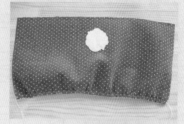

12 抽好细褶的内袋布如图所
示；另一片做法相同。

13 将两片抽好细褶的内袋布正
面对正面，左右两侧固定并
车缝，将缝份烫开。

14 取内袋底布与上步骤的袋
身，正面朝内以珠针先固定
四中心点，再继续沿着边缘
固定袋身与袋底布。

15 沿着袋底布边缘车缝，头尾
需回针，车缝后将缝份烫
开，完成时袋身会比较漂
亮。内袋完成。

16 外袋制作：将外袋组合布B
上、下依褶子记号位置将布
折好（正面方向为中心向外
折），并以珠针固定。

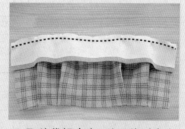

17 取外袋组合布A片下缘对齐上
步骤B片上缘，以珠针固定并
车缝接合，头尾需回针。

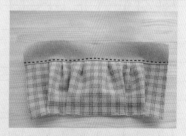

18 熨斗压烫将缝份导向上缘，
翻回正面，组合布A、B片接
缝处边缘0.3cm处车缝固定；
另一片做法相同。

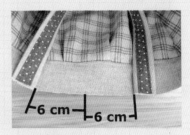

19 前后表布均已完成上步骤接缝组合，将两片表布正面对正面，左右两侧固定并车缝，完成后将缝份烫开。

20 取外袋底布与上步骤完成的袋身，正面朝内以珠针固定袋身与袋底布并车缝，车缝后将缝份烫开。外袋完成。

21 外袋袋身上缘中心点向左右两侧距离6cm处做记号，此为提把内侧记号点。

22 将提把内侧对齐记号点，在边缘0.5cm处车缝固定位置。

23 内袋袋身翻至正面，套进外袋袋身内，正面对正面以珠针固定边缘车缝并回针；记得留返口处勿车缝。

24 翻回正面，袋口以熨斗整烫。

25 距离袋口边缘0.3cm处车缝一圈，包包完成啰！

**说明：**

01 纸型已含1cm缝份；共两片纸型。

02 如选用棉麻布，袋口布衬需扣除1cm高度，避免过厚不好车缝（外袋组合布A的布衬改为43cm×5.5cm；内袋布的布衬改为43cm×21cm）。

03 作品材质为棉麻布＋厚布衬的组合，完成后袋身比较厚挺；喜欢棉麻布柔软触感可选择不加布衬，但是外（内）袋底布还是要烫厚布衬才漂亮喔！

参照原寸纸型D面

# 弯弯肩背双面包

**材料：**

- 外袋布
  格子棉麻+布衬44cm×34cm×2份
- 内袋布
  素色棉麻+布衬44cm×34cm×2份
- 口袋布
  格子棉麻+布衬17cm×15cm×2份

- 提把布
  素色棉麻+布衬10cm×48cm×2份
- 其他
  蕾丝绣片×1片
  蕾丝×1条

**做法：**

01 先将所有的布依纸型烫好衬并裁剪好，并做好中心记号与折线记号。

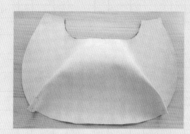

02 外袋制作：依褶子记号先将布折好，并以珠针固定。

03 依记号线车缝并回针，以熨斗压烫，一片褶子倒向下方，另一片褶子倒向上方。

04 从正面距离褶子缝线0.4cm处车缝"∩"字。

05 取上步骤完成车缝的袋身布，正面对正面固定并车缝接合，头尾需回针，将缝份烫开。

06 口袋制作：口袋布两片仅一片需要加布衬。

07 将口袋布正面对正面以珠针固定，车缝一圈，底部需预留返口。

返口处

08 边缘修剪牙口，直角处可修剪斜角。

09 将缝份烫开，并翻回正面再整烫一次。

10 烫布衬的布片为正面，距离上缘0.2cm处车缝一道，并将蕾丝绣片车缝于中心位置。

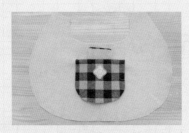

11 取上步骤完成的口袋固定于袋身，并车缝"U"边缘（车缝前可放置布片于口袋中，增加口袋空间，方便使用时拿取与放置物品）。

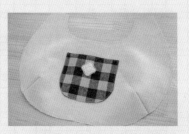

12 同步骤02～05，车缝褶子并将袋身正面对正面车缝接合边缘。

13 提把制作：将烫好衬的提把布正面对正面以珠针固定，车缝两侧。

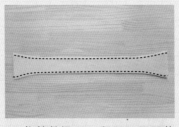

14 将缝份烫开，翻回正面再整烫一次，两侧距离边缘0.3cm处车缝一道，提把完成。

15 将提把布固定于内袋布，中心点对齐，0.5cm处先车缝固定。

16 将步骤05完成的外袋翻回正面，正面对正面，套进上步骤的袋身中。

17 袋口边缘以珠针固定，标示返口记号位置。

18 将袋口车缝接合，返口处勿车缝，并修剪牙角，提把位置修剪斜角，将缝份烫开。

19 翻回正面，袋口调整使其平整，距边缘0.3cm处车缝一圈。

20 另一面将蝴蝶结缝上，包包完成啰！

说明：

01 纸型已含1cm缝份；共三片纸型。

02 提把布：如选用棉麻布，提把布衬需扣除1cm缝份，避免与袋身接合处过厚不好车缝。

03 口袋布：两片仅一片需要加布衬，布衬不需含缝份。

04 作品材质为棉麻布+厚布衬，完成后，袋身比较厚挺；喜欢棉麻柔软触感的人，可选择不加布衬或薄布衬。

参照原寸纸型D面

# 缤纷花朵双面包

## 材料:

- 外袋布
  棉布+厚布衬47cm×30cm×2份
- 内袋布组合布A
  棉布+厚布衬38cm×11cm×2份

- 内袋布组合布B
  棉布+厚布衬45cm×22cm×2份
- 提把布
  棉布+厚布衬8cm×58cm×4份

- 提把内里布
  棉布8cm×6cm×8份
- 其他
  包扣圆形布6.5cm×4份
  金属包扣3.8cm×4个

## 做法:

01 将所有的布依纸型烫好衬并裁剪好，做好中心记号与折线记号。

02 外袋制作：依褶子对齐线对折，以珠针固定，车缝至止缝点并回针。

03 将褶子摊平对齐，并于边缘0.5cm处车缝固定。

04 褶子完成；另一片外袋布做法相同。

05 两片外袋布正面对正面，"U"形边缘以珠针固定及车缝，并将缝份烫开，弧形边缘修剪牙口，外袋完成。

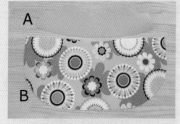

06 内袋制作：将组合布A、B准备好，并于组合布B做好褶子记号（记号做为正面、背面皆可，记号在正面较方便对齐）。

07 组合布B中心向两侧方向，将褶子折向对齐线，以珠针固定。

08 将四个褶子完成如图片所示。

09 取组合布A下缘与上步骤组合布B上缘，正面对正面对齐，并以珠针固定。

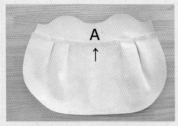

10 车缝并回针，完成后整烫缝份，将缝份向上导向组合布A。

11 正面组合布A距离接合处0.2cm处车缝一道，此步骤可固定背面倒向上方的缝份；另一片内袋布做法相同。

12 完成组合的两片内袋布，正面对正面，"U"形边缘以珠针固定及车缝，并将缝份烫开，弧型边缘修剪牙口，内袋完成。

13 取上步骤完成的内袋翻至正面，正面对正面，套进步骤05完成的外袋袋身中。

14 袋口边缘以珠针固定，将袋口车缝接合，返口处勿车缝。

15 将返口处缝份烫开，边缘修剪牙口（此步骤可使翻面后的袋口弧度较为漂亮）。

16 将袋身从返口处翻回正面并整烫。

17 距离上缘0.3cm处车缝一圈，袋身完成。

18 提把制作：先将提把布与提把内里布准备好。

19 烫好衬的提把布与提把内里布，正面对正面以珠针固定，"U"形边缘车缝至内里布边缘（止缝点）回针，勿超过止缝点。

20 取完成上步骤的两条提把布，正面对正面以珠针固定，两侧车缝接合至止缝点回针，勿超过止缝点；一侧留返口处勿车缝。

21 弧型边缘修剪牙口，翻回正面再整烫一次，提把完成；另一条提把布做法相同。

22 完成的提把布两边为"Y"字形，将"Y"打开夹住袋身布。

23 褶子对齐线向下5cm处与对齐线向中心3cm处做好记号，并将提把布对齐记号点处。

24 利用水溶性双面胶黏贴固定提把位置，或以手缝疏缝固定前后片提把位置，避免同时车缝时位置偏移。

25 沿着提把边缘0.3cm处车缝一圈；另一个提把做法相同，提把完成（若担心前后片一起车缝时无法精准对位，也可以手缝方式缝制）。

26 将包扣缝于内袋提把处，包包完成。

说明：
01 纸型已含1cm缝份；共六片纸型。
02 如选用棉麻布，纸型需扣除1cm缝份，避免褶子与提把接合处过厚不好车缝。

## 包扣制作：

01 裁剪圆型布片，并准备金属包扣。

02 将圆型布片倒放于白色模子凹槽上。

03 将金属包扣倒放，并下压至凹槽内。

04 将布片外缘内折至凹槽内。

05 金属包扣底座放至凹槽中心。

06 蓝色模子凹槽向下压至白色凹槽内。

07 取出包扣即完成。

参照原寸纸型C面

# 棉麻围兜双面包

**材料:**

- 外袋袋身布
  素色棉麻（生成色）38cm×108cm×1份
- 内袋袋身布
  格子棉麻38cm×108cm×1份
- 侧身布
  格子棉麻14cm×24cm×4份

- 口袋布
  素色棉麻（生成色）14cm×28cm×2份
- 细绳长布条
  格子棉布3cm×70cm×1份
- 其他
  蕾丝14cm×2份
  纽扣×3个
  蓝色绣线×适量

**做法:**

01 将所有的布依纸型裁剪好，并做好中心记号。

02 细绳制作：将细绳正面朝内，对折并固定，距边缘0.5cm处车缝接合，需回针。

03 利用穿带器或返里器翻回正面，以熨斗整烫，裁成两段。

04 取细绳一端向内两折，并将边缘以针线缝合。

05 另一条细绳做法相同。

06 外袋制作：对齐中心位置绘出"U"形轮廓。

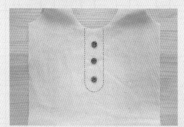

07 准备绣线并沿着线条绣上虚线，完成后缝上纽扣。

端点→　　←端点

中心点

08 取一片侧身布，与袋身布正面对正面，先固定"U"形底部中心位置及两端点，边缘依序固定并车缝（固定至弧形处时，袋身可修剪牙口利于固定与车缝，车缝时袋身布面朝上，完成时袋身较为漂亮）。

09 车缝后烫开缝份并翻回正面，用手轻轻搓揉接合处，并以熨斗整烫。

10 于袋身距离接合线0.3cm处车缝压合，侧身即完成；另一片侧身布做法相同。

11 取步骤05的细绳对齐袋身中心，距边缘0.5cm处车缝固定。

12 口袋制作：将蕾丝置于口袋布短边，0.5cm处疏缝固定。

13 将长边对折，于短边距边缘1cm处车缝接合，并将缝份烫开。

14 翻至正面，以熨斗整烫，蕾丝距离边缘0.3cm处车缝。

15 取一片侧身布，并将上步骤口袋对齐侧身布向下3cm处，口袋底布车缝固定，两侧疏缝，口袋即完成；另一片口袋布做法相同。

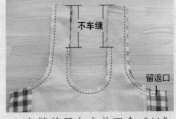

16 内袋制作：做法请参照步骤08～10。

17 取上步骤完成的内袋翻至正面，正面相对，套进步骤11完成的外袋袋身中，袋口边缘以珠针固定（白色虚线为边缘线）。

18 车缝前后左右共四个"U"形，注意提把内侧各留10cm勿车缝，侧袋身一处预留返口10cm勿车缝，完成时将缝份烫开，并于弧形处修剪牙口。

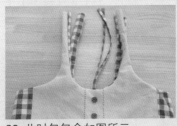

19 将袋身从返口处翻回正面，提把处可利用钳子夹出。

20 此时包包会如图所示。

21 提把制作：取同一面的提把，从未车缝处翻出反面，提把正面对正面，将边缘处固定并车缝（注意是同一面的提把喔！若选错提把会成为不同款式的提把型包包）。

22 上步骤完成后如图所示；另一边提把做法相同。

23 将袋口以熨斗整烫，距离袋口边缘0.3cm处车缝一圈，共三圈，包包即完成。

**说明：**

01 纸型已含1cm缝份；共两片纸型。

02 作品材质为棉麻布不加衬，完成后袋身较为柔软舒适；若要加烫布衬，布衬需扣除1cm缝份。

参照原寸纸型D面

# 蓝色格纹双面包

**材料：**

- 外袋袋身布
  素色棉麻（生成色）48cm×28cm×2份
- 内袋袋身组合布
  格子棉麻／素色棉麻（蓝）13.5cm×28cm×各4份
- 外袋底布
  素色棉麻27.3cm×14cm×各1份
- 内袋底布
  素色棉麻（蓝）27.3cm×14cm×各1份
- 磁铁扣布片
  格子棉麻／素色棉麻（生成色）5cm×7cm×各2份
- 长条提把布
  格子棉麻／素色棉麻5cm×45cm×各2份

- 长条口袋布
  素色棉麻（蓝）9cm×28cm×1份
- 长条口袋布
  格子棉麻13cm×28cm×1份
- 其他
  织带（2.5cm宽）45cm×2份
  牛皮皮带（2.5cm宽）40cm×1份
  强力磁铁（直径2cm）×2个
  固定扣（面径8cm；长0.7cm）×8个
  固定扣（面径8cm；长0.6cm）×8个
  口形环（长方环；内径2.5cm）×4个

**做法：**

01 提把制作：分别将提把布裁剪好，素色布与格子布各两片。

02 取素色布与格子布各一片，正面对正面，上下长边分别车缝接合。

03 利用穿带器翻回正面。

04 利用穿带器将织带穿进布条中。

05 另一条提把做法相同，提把完成。

06 磁铁扣制作：取格子布与素色布各一片。

07 正面对正面，沿着边缘车缝接合，并修剪牙口。

08 翻回正面，并以熨斗整烫。

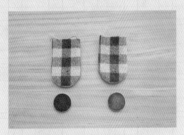

09 将强力磁铁放入。

10 磁铁扣完成。

11 口袋制作：分别将口袋布裁剪好。

12 正面对正面，长边车缝接合。

13 将缝份烫开。

返口处

14 正面朝内对折，三面开口处车缝接合，预留返口处勿车缝，完成后四角剪斜角，并将缝份烫开。

15 翻回正面，以熨斗整烫，在距边缘0.5cm处车缝一道。

16 取上步骤口袋,至中对齐外袋袋身布,距离底部3cm处,以珠针将口袋固定,距边缘0.5cm处车缝"倒Π"形,端点车缝三角形并回针,口袋即完成。

17 外袋制作:将裁剪好的两片袋身布,从正面将褶子A点折至对齐线B点,并于底部0.5cm处车缝固定。袋身布正面对正面,两侧分别车缝接合。

18 取上步骤完成的外袋及外袋袋底布,正面对正面,对齐四边中心点,边缘以珠针固定,并车缝接合(建议固定与车缝时袋身朝上,车缝时可边车缝边调整袋身)。

19 完成时将缝份烫开并于弧形处修剪牙口,外袋完成。

20 内袋制作:取格子布与素色布各一片,正面对正面,一长边车缝接合;其余三份做法相同。

21 将颜色错开,四片组合在一起为一份内袋袋身,共两份。左右外侧布片从接合处向外4cm(A点)、9cm(B点)处做记号。

22 从正面将褶子A点折至对齐线B点,并于底部0.5cm处车缝固定。袋身布正面对正面,两侧分别车缝接合。

23 取上步骤完成的内袋及内袋袋底布,正面对正面,参照步骤18~19做法,接合袋身与袋底。

24 内袋翻至正面,取步骤10完成的磁铁扣,磁铁扣格子面朝内袋正面,置中对齐,在距边缘0.5cm处车缝固定。

25 将上步骤内袋套进外袋中,正面对正面,边缘以珠针固定并车缝,需预留10cm返口勿车缝。

26 从返口处将包包翻回正面,袋口以熨斗整烫,距离袋口边缘0.3cm处车缝一圈,包包主体完成。

27 将牛皮皮带裁成5cm长,共八片;中线向外侧6mm处做记号,上下两端向内7mm处做记号,此为固定扣打孔处,完成记号即可利用打洞器或丸斩在皮片上打洞(打洞尺寸依固定扣扣脚直径尺寸)。

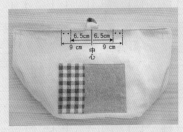

28 袋口处中心向外6.5cm、9cm处做记号。

29 准备皮片、口形环、固定扣、台座、固定扣工具（平凹斩）。

30 将口形环套进皮片中，皮片对折并对齐步骤28所标示的记号，用笔从洞孔作记号并打洞。将固定扣下扣从底部穿过皮片与袋身所打的洞。

31 将皮片下折，下扣扣住皮片。

32 将上扣套进下扣，并稍微压一下。

33 组合好上下扣并放置到台座凹槽适当的孔位中。

34 以固定扣工具（平凹斩）凹槽扣住上扣，并以木槌或橡胶槌垂直向下敲。

35 固定扣完成。

36 依此步骤将提把完成。

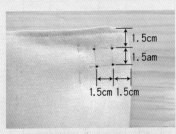

37 外袋两侧以1.5cm间距画出四个记号点并打洞。

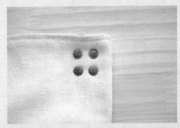

38 将固定扣打上，另一侧做法相同，包包即完成。

说明：

01 纸型已含1cm缝份，共三片纸型。

02 作品材质为棉麻布，仅袋底布有加衬，完成后袋身较为柔软舒适。

03 强力磁铁在文具店或美术社可购买到。固定扣的扣脚长则依布料厚度及衬的搭配而异。

04 牛皮皮带可至材料行与皮件材料行购买，图中从左至右为一整张牛皮、皮带、片状牛皮。

57

黛小比序

独一有二，我的双面包包们！

这是我第二本参与出版的手作书！

很开心，能有一点点能力在长碌的全职妈妈生活中，

仍然可以拥有美好快乐的手作时光。

一个手作包包的形成可以是量身订做，也可以很天马行空，

但都需要些许巧思，需求外若可以再多加一点点想象，

手作包包会有另一种存在的意义，我喜欢有着特殊情感的温柔手作。

2010年的寒冬，台北真的很冷，

躲在家里，心底却是热乎乎，手里拿着裁布刀，

有节奏地踏着缝纫机，用我爱的布料，制作我爱的包款，

独一有二专属于我的双面包包就在这时诞生。

一个包有两种风貌，就像我的生活形态；

一面是长碌却充满幸福感的全职妈咪，而另一面却仍拥有属于自己的放纵。

我的双面包独一有二，翻面之间有我独特的情愫存在，

也许也有你爱的元素，

自由放手去做属于你的手作包包吧！

黛小比

关于

黛小比

忙碌的伪全职妈妈，停不下的音速小子，
生活中充满了无限新奇点子，
全化作一种温柔手作，
平凡、简单却很幸福！

Book | 《窥看．手作达人的包包私密》
blog | 小比随便说
http://debbieyang.pixnet.net/blog

# 学院风紫格子
# 托特包

永远不嫌多的包款，
方便好用的托特包，
每一季都大流行的单宁格子风，
一个小动作，托特也能大变身。

HOW TO MAKE P.70

车上一个布边小口袋，方便拿取也增添焦点。

多层设计，也是收纳小帮手！

## 热气球
## 小提包

可以很可爱，
可以很优雅，
也可以很好用的热气球小包，
拆下手提带子就变身手拿包！

HOW TO MAKE P.74

# 暖冬
# 红黑包

把两块颜色不同材质不同的布料拼接，
暖冬红黑包，一边是火红、一边是素黑，
却能拼出暖暖的感觉！

HOW TO MAKE P.77

除了暖暖的触感，百搭的素黑，怎么搭配都出色。

# 星星月亮包

干脆利落的斜背包，随兴地背出门，满月的天空，就是这般星光闪闪，一直陪着你！

HOW TO MAKE P.79

# 木马球形
# 手提包

木马系列童趣的图案，
方便收纳小物的多口袋的蓝袋包，满足了俏丽跟实用，
小巧可爱拎了就走！

袋口勾环设计，轻松收纳又安心！

HOW TO MAKE P.81

# 学院风紫格子托特包

**A面材料**

格子布45cm×20cm×2片（烫上厚衬）
紫色牛仔布43cm×30cm×1片（烫上厚衬）
手把织带3cm×80cm×2条
手把包布（紫色牛仔布）8cm×80cm×2条
■ 侧边扣子
　牛皮2cm×7cm×2段
　四合扣上扣×2组，下扣×4组
　蘑菇扣×4组

**B面材料**

格子布45cm×24cm×1片（烫上厚衬）
紫色牛仔布45cm×23cm×2片（烫上厚衬）
口袋16cm×24cm×1片（布边）
口袋衬厚衬15cm×11cm×1片
口袋装饰蕾丝5cm×1片

**做法：**（参完成尺寸：约42cm×32cm×4cm）缝份0.7cm，裁布尺寸已含缝份

01 将四合扣上固定在皮带上。

02 将手把包布对折后车缝。

03 烫开缝份。

04 用返里针将布条翻回正面。

05 用穿松紧带的夹子将织带穿入布条中。

06 A面格子布往内12cm处做记号，并固定住手把织带。

07 织带车缝固定。

08 车缝至离顶端5cm处，并车缝来回针。

09 不需剪线，接着将布往下折，只车缝织带部分。

10 车缝至另一边的手把记号处，再将手把与A面格子布车缝在一起。

11 A面两片格子布全部车上手把。

12 再与A面紫色牛仔布车缝。

13 整烫缝份。

14 在布片连结处压一道装饰线。

15 反面对折后，对齐用珠针固定，再车缝两侧。

16 翻回正面，由袋底往上量，在5.5cm及18cm处做上记号。

17 安装好四合扣下扣。

18 在袋底4cm处做记号，夹车步骤01做好的皮带。

19 完成A面。

20 B面口袋布，对折车缝两端。

21 烫上厚衬，开口处（非布边）那一边往下折烫1cm。

22 翻回正面后烫平。

23 在袋口往下1cm处车缝固定。

24 在B面紫色牛仔布上用珠针居中固定口袋及口袋装饰蕾丝。

25 口袋车缝固定。

26 车缝拼接B面（请参考步骤13整烫缝份及步骤14车缝装饰线）。

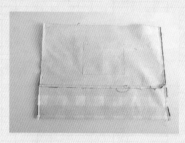

27 反面对折，对齐用珠针固定，车缝两侧，其中一侧需预留返口。

28 车缝袋底4cm。

29 完成B面。

30 A面+B面，正面对正面。

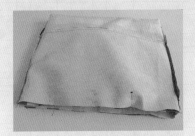

31 珠针固定后车缝一圈。

32 翻回正面，整烫一下袋口处。

33 袋口车缝固定一圈。

34 手把处上磨菇扣固定。

35 以藏针缝合返口处。

35 完成学院风紫格子托特包。

参照原寸纸型B面

# 热气球小提包

## A面材料
- 袋身
  蓝色酒袋布22cm×28cm×1片（烫上薄衬）
- 口袋
  蓝色酒袋布22cm×11cm×1片（烫上薄衬）
  热气球绵布22cm×12cm×1片（烫上厚衬）
- 口袋上盖
  蓝色酒袋布7cm×19cm×1片（不用烫衬）
  热气球绵布7cm×19cm×1片（烫上薄衬）
- 一字拉链口袋
  拉链15cm×1条
  蓝格子布22cm×18cm×1片（烫上薄衬）

## B面材料
- 袋身
  热气球绵布22cm×28cm×1片（烫上厚衬）
- 口袋I
  蓝色酒袋布22cm×13cm×1片（烫上薄衬）
  热气球绵布22cm×11cm×1片（烫上厚衬）
- 口袋II
  蓝色酒袋布22cm×12cm×1片（烫上薄衬）
  热气球绵布22cm×10cm×1片（烫上厚衬）
- 拉链口袋
  热气球绵布22cm×22cm×1片
  拉链25cm×1条
- 其他
  滚边用斜布条4cm×110cm×1条
  蜡绳50cm×1条
  D形环1cm×2个
  双孔绳扣×1个

**做法：**（完成尺寸：约20cm×14cm）缝份0.7cm，裁布尺寸已含缝份

01 裁剪所需布片并依标记烫衬。

02 制作A面口袋上盖；对齐后车缝，并预留约5cm返口。

03 弧度处剪牙口，再烫开缝份。

04 翻回正面，烫平后在U形区车压装饰线。

05 制作口袋，对齐口袋用布后车缝。

06 翻回正面，对齐下方整烫后，压装饰固定线。

07 安装造型扣子。

08 制作一字口袋，先定出一字口袋位置（由下往上11cm，左右位置置中）。

09 一字口袋完成后，疏缝固定口袋。

10 车缝固定口袋上盖后即完成A面。

11 开始制作B面；制作完成口袋I、口袋II。

12 两口袋底部疏缝固定。

13 车缝固定口袋分隔。

14 疏缝固定在B面表布。

15 拉链口袋用布对折后车上拉链。

16 拉链口袋固定于B面表布。

17 完成B面。

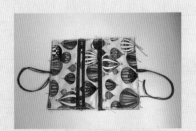

18 在中间位置车缝固定蜡绳。

19 利用A面上盖纸型的弧度，将四周修剪为圆弧状。

20 利用滚边条车缝制作10cm×1cm的布条，在宽22cm的那端，中间位置车缝固定背带勾环。

21 翻至B面，用滚边制作工具制作滚边布条，车缝包边布条。

22 翻回A面，用夹子固定滚边布条后，背带勾环布条穿入D型环，手缝固定滚边布条。

23 手缝固定包边布条，背带勾环也一并缝好。

24 蜡绳穿入绳扣后，修剪至适合的长度，并在尾端打个结。

这面好！

25 勾上背带后即完成热气球小提包，你想先秀哪一面啊？

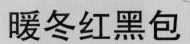

# 暖冬红黑包

**材料：**

- 红色亮皮格纹布30cm×45cm×2片
- 黑毛45cm×43cm×2片
- 红色布条30cm×4×1条
- 皮带2cm×50cm×2条
- 红钻装饰蘑菇扣×4组

＊特别提醒：车缝亮皮格纹布时需换皮革压布脚

**做法：**（完成尺寸：43cm×25cm×14cm）缝份1cm，裁布尺寸已含缝份

01 用滚边器制作1cm布条。

02 剪成两段，一段5cm穿入小型D形环；另一段28cm穿入勾环。

03 裁红色亮皮格纹布，45cm×30cm两片，正面相对车缝两侧。

04 翻回正面，换上皮革压布脚，拨平缝份后压两道装饰线。

05 两侧都车缝上装饰线。

06 翻面车缝底部。

07 折底14cm。

08 车缝后剪掉底部三角处后，翻回正面。

09 将红色布条穿入D形环，固定于A面袋中间位置，再车缝固定。

10 另一侧，红色布条穿入勾环，固定于A面袋中间位置后车缝固定。

11 固定手把，完成A面。

12 制作B面：裁黑色毛毛布43cm×45cm（黑色毛毛布因为比较蓬松所以宽度要比红色亮皮格纹布小）。车缝三边，左右其中一侧预留返口。

13 折底14cm。

14 剪掉底部三角区，完成B面。

15 如图将两面对齐用弹力夹子固定、缝合（用珠针固定会有针孔，若是使用亮皮布或是防水布，请用弹力夹子固定）。

16 由返口翻回正面。

17 缝合返口。

18 翻回红色亮皮格纹那面，以弹力夹子固定袋口。

19 压线固定袋口。

20 手把用红钻磨菇扣固定。

21 完成暖冬红黑包。

参照原寸纸型A、B面

# 星星月亮包

## A面材料

桃红星星布35cm×45cm×2片（薄衬）
桃红星星布侧边布条70cm×5cm×1片（薄衬）
- 前口袋
  桃红星星布35cm×22cm×1片（薄衬）
  条纹布35cm×25cm×1片（薄衬）

## B面材料

条纹布35cm×45cm×2片（薄衬）
条纹布侧边布条70cm×5cm×1片（薄衬）
- 五金
  皮片2.5cm×5cm×2片
  D形环2.5cm×2个
  固定蘑菇扣2组

＊特别提醒：星星月亮包全部使用薄衬。

**做法：**（完成尺寸：约34cm×25cm）缝份0.7cm，裁布尺寸已含缝份

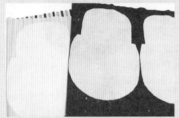

01 薄衬依纸型裁剪好，再烫至布上。

02 依版型剪好所需的布料。

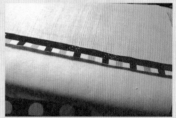

03 先制作A面的口袋，两布上方对齐，车缝后烫开缝份。

04 翻回正面，对齐下方后烫平。

05 在两布接缝处压线。

06 用珠针将口袋固定于A面表布，再疏缝一圈固定口袋位置。

07 先用珠针固定A面侧边布条与A面两片袋身后再车缝固定。

08 完成A面。

09 以珠针固定B面侧边布条与B面两片袋身后再车缝固定，其中一侧需预留返口。

10 完成A面跟B面。

11 A面与B面正面对正面，先用珠针固定再车缝一圈。

12 弧度处剪牙口后再整烫。

13 由B面返口翻回正面，整烫一下。

14 边缘压线。

15 完成袋身。

16 皮片先打洞。

17 袋身侧边做记号后再打洞。

18 皮片穿入D形环，利用蘑菇扣固定。

19 勾上侧背带，完成星星月亮包。

参照原寸纸型B面

# 木马球形手提包

## A面材料

- 袋身
  袋身A原色棉麻布40cm×25cm×2片（烫上厚衬）
  袋身B原色棉麻布35cm×25cm×2片（烫上厚衬）
- 口袋布
  乐园棉麻布25cm×35cm×4片（烫上厚衬）

## B面材料

- 袋身
  袋身A红色点点棉麻布40cm×25cm×2片（烫上厚衬）
  袋身B木马棉麻布35cm×25cm×2片（烫上厚衬）
- 配件
  红色点点棉麻布滚边条4cm×15cm×1片
  小型D形环1cm×1组
  小勾环×1组

**做法：**（完成尺寸：约21cm×18cm×18cm）缝份0.7cm，裁布尺寸已含缝份

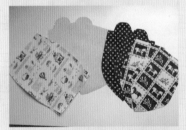

01 裁剪好所需布片并烫好厚衬。

02 制作A面口袋，依口袋纸型裁剪后，对折后车缝。

03 翻回正面整烫。

04 短边为上方，在0.5cm处车缝装饰固定线；口袋共需要制作四组。

05 依纸型记号画出口袋对齐位置。

06 口袋依对齐位置对齐后，再以珠针固定后车缝。

07 另一边也车缝完成。

08 画出口袋下方折处位置，再于边缘往内2.5cm、4cm处做一记号。

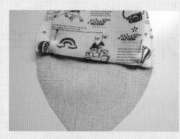

09 依记号折好折处，用珠针固定后车缝。

10 同上步骤完成A面四片口袋袋身。

11 组合A面的袋身A+袋身B。

12 另一组同上述步骤完成两份。

13 再将两份袋身A+袋身B组合。

14 制作B面，用珠针固定B面袋身A+袋身B片后车缝固定，共2组，其中一组需预留10cm返口。

15 两组再用珠针固定后车缝。

16 用滚边条制作器制作1cm宽15cm长的小布条，剪一段5cm穿入D形环；另剪一段9cm穿入勾环。

17 车缝固定于B面袋身B（木马棉麻布）中间位置。

18 完成A、B面袋身。

19 两袋身珠针固定后车缝一圈。

20 弧度处先剪牙口。

21 翻回正面整烫。

22 缝合返口。

23 在圆弧中间位置用拆线刀拆出一个可以塞进提把的宽度。

24 袋身上缘0.5cm处车缝压线，一起将提把固定。

25 两边提把处各安装一组蘑菇固定扣，加强提把强度。

26 完成木马球形手提包，球形面。

27 木马面。

包包是每天出门最重要的配角，

有时甚至会跃升为主角，抢尽风头，

从一个人拿的包款可以看出主人的个性、品位，

有人白天是穿制服的上班族，下班想到舞店狂欢，除了换衣服，也得换上包包，

这时双面包就有了意义，可能代表着白天的拘谨，傍晚的热情狂野。

老实说，

在设计双面包的过程中，我遇到很多新的挑战，

例如，如何让这款双面包有翻面的意义，如何在材质的搭配上更具特色，

如何在功能上出新意，

有时难题很快就突破了，有时却很难做出令自己满意的作品，

这时我会停下脚步，找出这款包的特色，

找出非做不可的理由，如果答案是肯定的，那即使花上一个月我也会努力完成。

这次做的五款双面包，并非只是换块不同花色的布而已，

有材质上的对比、有季节上的变化，

希望能带给大家不同的感受。

*Amy*

关于Amy。

# 林素年

林素年，Amy，1978年出生在高雄市。
喜欢简单实用又有趣的杂货，强调将生活记忆融入手作中，
2008年自创品牌"niizo尼左手作生活杂货"，
现在诚品书店寄卖中。
现职文化大学推广教育部手作布杂货老师、
法鼓山社会大学手作布杂货老师。

Book |《跟着Amy一起随性玩手作》、《防水布的实用缝纫》合辑
niizo官网：www.niizo.com
Blog | niizo手作布杂货，Amy手作生活杂货教学
http://tw.myblog.yahoo.com/isnien

## 冬夏两用
## 双面包

用白色与蓝色帆布搭出夏天的颜色，再用毛料找出冬天的温暖，是个可以拿一整年的包款。

原色牛皮两面都可以用，且随着时间与空气的接触，皮质会变得更柔软更有手感。

HOW TO MAKE P.96

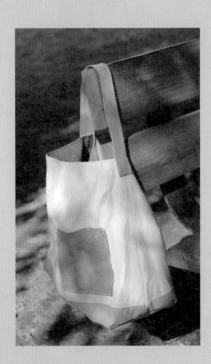

我喜欢使用未经修饰过的皮革边缘，自然又朴拙。

HOW TO MAKE P.98

# 抓皱
## 双面包

是一种特别的布料，会记忆你的使用习惯，
因为烫不平，怎么翻也不怕绉，拿来抓皱更适合。
　　另一面是带点严肃的棉麻布料，烫上布衬，让布料更挺，
配上黑色皮革，适合上班，也适合晚上约会喔！

## 侧背
## 双面包

经典的黑色菱格纹适合小巧方块的外形，容量不大，却也能放进皮夹、手机、化妆包，翻个面，变身为运动型的侧背包，内里的菱格纹成为防撞的保护包，从事再剧烈的运动也不怕。

菱格纹包适合周末逛街或与朋友下午茶，休闲又不失优雅。

HOW TO MAKE P.100

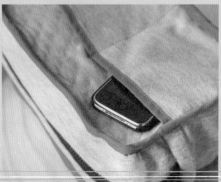

口袋可以随自己的需求做变化，担心东西会掉出来，加上拉链也行。

# 熊样毛毛
# 双面包

咖啡色与亮绿色的搭配，是一款适合冬天出游的包，冷的时候还可以充当抱枕！

HOW TO MAKE P.103

表情可以随自己喜好作变化，今天心情好，就背咖啡色出门吧！

# 拉链
# 双面包

皮革与不织布是冷与暖的搭配，拉开拉链，翻面很简单喔!

这是一款非常适合男生拿的手作包，
圆弧的造型更好搭配衣服，随便穿也可以很有型。

HOW TO MAKE P.105

参照原寸纸型A面

# 冬夏两用双面包

**材料：**

- 表布A　白色帆布56cm×37cm×2片
- 表布B　蓝色帆布62cm×17cm×2片
- 表布C　毛料布62cm×52cm×2片
- 提把　　原色牛皮提把1.6mm厚×4cm×50cm×1条
- 口袋　　毛料布17cm×17cm×1片
　　　　　花布17cm×19cm×1片
　　　　　原色牛皮1.6mm厚×15cm×15cm×1片
- 衬　　　单胶衬布36cm×20cm×1片

**做法：**

01 表布A与表布B正面相对，上方处压线，缝份为1cm。

02 烫开缝份。

03 压缝装饰线，并固定缝份。另一边表布A、B的做法相同。

04 皮革口袋三边用菱斩打洞。

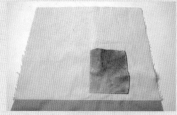

05 利用双针缝将皮革固定在袋身上。

06 将已接起来的表布A、B各自正面对正面，下方处压线，缝份为1cm。

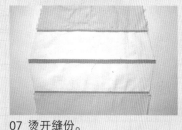

07 烫开缝份。

08 将单胶衬布置中后烫贴上去。

09 袋身正面对正面对齐，两侧压线，缝份为1cm。

10 烫开缝份，将袋底折出三角形，做出20cm宽的袋底。

11 剪掉缝份。

12 口袋用毛料布与花布正面相对，上方处压线，缝份为0.7cm。

13 将花布往上翻，再翻到背面，上方压上装饰线。

14 将口袋布正面对表布C，口袋布两侧往内折1cm缝份后压线。

15 口袋往上翻，两侧将缝份往里折，并先用珠针固定。

16 三边压线。

17 两片表布C正面对正面，三边压线，缝份为1cm，底下预留返口15cm。

18 烫开缝份，将袋底折出三角形，做出20cm宽的袋底，并剪掉缝份。

19 将步骤11套入步骤18，正面对正面，上方压线一圈，缝份为1cm。

20 从返口将袋身翻回正面，整烫，压线。

21 用对针缝缝合返口。

22 将提把用的皮革两侧用菱斩打洞。

23 用平针缝法固定皮革与两侧袋身后即完成。

参照原寸纸型A面

# 抓皱双面包

**材料：**

- 表布A
  灰色棉麻布：50cm×42cm×2片
- 表布B
  蓝色记忆纱：64cm×42cm×2片

黑色牛皮：
1mm厚×2.5cm×35cm×4条（提把用）
1mm厚×2.5cm×37cm×2条（包边用）
1mm厚×2.5cm×10cm×2条（包边用）

- 衬
  单胶衬布：50cm×42cm×2片

**做法：**

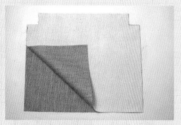

01 两片表布A各自烫上单胶衬布，正面对正面后于上方压线，缝份为1cm。

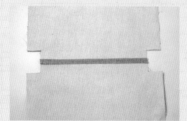

02 烫开缝份。

03 压缝装饰线固定缝份。

04 沿着版型剪下两片表布B，并于两侧标上抓皱处。

05 将皱褶往上抓，皱褶处重叠1cm。

06 固定皱褶。

07 两片表布B正面对正面，于上方处压线，缝份为1cm。烫开缝份，压缝装饰线，固定缝份。

08 将步骤03与步骤07背面对背面，上下用珠针固定。

09 上下分别压缝装饰线固定。

10 左右两侧先车缝固定，缝份
为1cm。

11 将包边用皮革，于两侧处用
菱斩打洞。

12 将皮革上下对折，再用黑色
麻绳以平针缝法固定。

13 底部先车缝固定。

14 将皮革上下对折，再用黑色
麻绳以平针缝法固定。

15 提把用皮革两两背面相对，
先用白胶固定，也用菱斩打
洞，再用双针缝固定皮革。

16 上方袋口处往内抓皱，插入
提把。

17 车缝固定提把上方，内侧再
车缝固定后即完成。

参照原寸纸型C面

# 侧背双面包

## 材料：

- 黑色缎面布
  26cm×18cm×2片（表布A）
  10cm×25cm×2片（提把用）
  6cm×38cm×2片（拉链用）
  12cm×51cm×1片（侧片用）
- 灰色针织棉布
  26cm×18cm×2片（表布B）
  26cm×12cm×1片（口袋用）
  6cm×38cm×2片（拉链用）
  12cm×51cm×1片（侧片用）

- 铺棉
  24cm×16cm×2片（表布A）
  4cm×35cm×2片（拉链用）
  10cm×49cm×1片（侧片用）
- 橘色尼龙布
  30cm×30cm×1片（包边用）
  26cm×14cm×1片（口袋用）
- 桃红色帆布5cm×6cm×2片（垂片）

- 提把
  黑色织带4cm×120cm×1条
  白色织带4cm×25cm×2条
  圆绳20cm×2条
- 双面用黑色拉链35cm×1条

## 做法：

01 先制作侧片，将两条拉链用黑色缎面布铺上铺棉，再用珠针固定铺棉。

02 车上菱格纹。

03 将拉链用黑色缎面布与灰色针织棉布正面相对，中间夹入拉链后压线，缝份为0.5cm。

04 拉链另一头的做法也是如此。

05 烫开两侧。

06 侧片用黑色缎面布铺上铺棉，并车上菱格纹。

07 制作垂片，两片桃红色帆布两侧压线，缝份为1cm。

08 翻回后压缝装饰线。

09 将步骤06两片夹入步骤05，两侧分别夹入已对折的步骤08桃红色垂片与黑色织带。

10 侧面用珠针固定后压线，缝份为1.5cm。

11 另一头也是拉成三片布对齐，压线，缝份为1.5cm。

12 侧片会成为一个圈，织带应在灰色针织布这边，桃红色垂片在黑色缎面布这边。

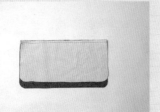

13 将口袋用布的灰色针织棉布与橘色尼龙布正面相对，于上方压线，缝份为0.7cm。

14 橘色尼龙布往上翻到背面，上方压线固定。

15 步骤14放在一片表布B上，下方对齐，中间压线，成为口袋的分隔线。

16 提把用黑色缎面布正面相对后对折，压线，缝份为1cm。

17 翻回正面，塞入白色织带。

18 放入圆绳，以对针缝缝合中间。

19 这是提把的完成图，另一条做法相同。

20 将表布AB背面相对与侧片固定四周，记得塞入步骤19的提把，可先用疏缝固定。

21 里面的样子，另一面也是相同的做法，也采用疏缝固定。

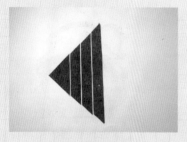

22 制作包边条，将包边用橘色尼龙布以45度角斜切，再切成每条宽4cm的布条。

23 将包边条正面对正面，压线固定。

24 烫开缝份，将包边条接成长条状，约需长90cm两条。

25 包边条沿着疏缝边固定成一圈。

26 另一头再往下折，先用珠针固定，再压线固定后即完成。

参照原寸纸型B面

# 熊样毛毛双面包

**材料：**

- 咖啡色毛毛布
  35cm×25cm×2片（表布A）
  10cm×85cm×1片（侧片用）
  10cm×90cm×1片（背带用）
  22cm×18cm×1片（口袋用）
  9cm×8cm×1片（口袋鼻子用）

- 绿色毛毛布
  35cm×25cm×2片（表布B）
  10cm×85cm×1片（侧片用）
  10cm×90cm×1片（背带用）
- 白色毛毛布
  22cm×18cm×1片（口袋用）
  9cm×8cm×1片（口袋鼻子用）

- 单胶铺棉
  33cm×23cm×2片（表布B）
  8cm×83cm×1片（侧片用）
- 黑色拉链
  20cm×1条
- 黄色拉链
  20cm×1条
- 棉花少许

**做法：**

01 将口袋用毛毛布利用对针缝法缝上鼻子，塞入棉花，增加立体感。

02 下方两侧切角车合，缝份为1cm。

03 这是口袋完成后的样子。

04 将拉链与口袋布正面对正面车缝固定，缝份为0.5cm。

05 两片表布B及侧片用布均烫上单胶铺棉，增加挺度。

06 将拉链另一头与一片表布B正面对正面车缝固定，缝份为0.5cm。

07 口袋布往下翻，三边往内折1cm，先用珠针固定，然后将三边压线固定。

08 用锯齿缝车上眼睛。

09 表布B与侧片以正面对正面，车缝三边固定，缝份为1cm。

10 另一边再放上步骤08的表布B，车缝三边固定，缝份为1cm，预留返口15cm，成为袋身B。

11 另一表布A重复上述步骤01至步骤10做法，但不用烫上单胶铺棉，成为袋身A。

12 车缝背袋，将两片背带用布正面相对，两侧车缝固定，缝份为1cm。

13 翻回正面。

14 将袋身A放进袋身B，正面相对，中间夹入背带，咖啡色袋身对咖啡色背袋，四周先用珠针固定再车缝一圈，缝份为1cm。

15 从步骤10的返口将袋子翻出，以对针缝缝合后即完成。

# 拉链双面包

参照原寸纸型A面

**材料:**

- 灰色厚质不织布
  64cm×44cm×1片（表布A）
  4cm×45cm×2条（提把用）
- 黑色牛皮
  1mm厚×64cm×44cm×1条（表布B）
  1mm厚×4cm×45cm×2条（提把用）

- 双面用拉链
  80cm×1条

**做法:**

01 沿着版型剪下表布A、B，利用白胶先将拉链与表布A固定。

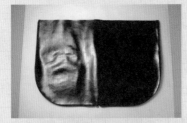

02 再将表布B背面相对放上步骤01，同样用白胶固定拉链。

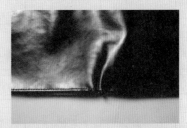

03 四周用菱斩打洞，再用双针缝缝固定，底下拉链处不要全部缝死。

04 制作提把，将不织布与牛皮背面相对，中间25cm用白胶固定。

05 两侧用菱斩打洞。

06 再将提把分别固定在袋身上，利用白胶固定，两侧用菱斩打洞。

07 双针缝固定提把后即完成。

在淡水的一个小市集，认识了小白，

又因为这样认识了Lina，让我可以实现这个小小愿望，

把包包当画布，

不织布、小碎布当色块，剪剪缝缝，拼凑出一幅幅可爱的图画。

坚持每个包包都是100%手工缝制，一款一个，没有重复！

设计这五款包包时，

RuRu一直很犹豫要做什么样式，

有机能性；也要有可爱的风格，

现在，书出版了，希望大家喜欢，喜欢An-Ka风格的手作包包

淡水的An-Ka shop&cafe，是咖啡厅也是工作室，

设计并贩售可爱风格的100%手作商品，

欢迎大家到淡水游玩时，

也能来An-Ka shop&cafe坐坐喔！

*RuRu*

关于RuRu。

方薇如

实践大学服装设计学系毕业

曾经讨厌缝纫机，
但在生了两个可爱的女儿Angelina和Kathy后，
却开始想能为她们做些什么……
于是，第一个手缝娃娃诞生了；第一个小提袋完成了。
接着第二个、第三个……
从此想要每天都被温暖的手作及可爱的事物包围着！

blog | 欢迎来到An—Ka caf'e & shop！
http：//tw.myblog.yahoo.com/ankacafe

# 猫咪童趣风
# 牛仔妈妈包

和宝贝一起出门，
小猫咪陪着你，
要乖乖听妈妈的话，
不要捣蛋喷！

HOW TO MAKE P.118

订制妈妈包时，

包包除了大、装得多之外，

还要能够吸引小孩子的目光。

如玩具般的小小房子，

可以拿在手中玩的小猫咪，

可以任意变换位置的小别针……

都是小朋友哭闹时的小帮手噢！

# 吊带裤兔兔
## 小提袋

穿上我的吊带裤，和兔兔一起去赏花！

HOW TO MAKE P.120

散步提的包包不用太大，重要的是和小兔兔一样带着愉悦的心情出门，
小兔兔虽然穿着吊带裤，内心可是充满pink的小女孩呢！

# 半椭圆
## 熊熊提袋

穿着洋装，有点害羞，有点开心的熊熊……就像要去赴约的我！

熊熊陪我去约会！
希望自己每次赴约，都和熊熊一样用心装扮。

HOW TO MAKE P.122

## 熊熊铺棉
## 束口袋

装入好吃的便当，还有小外套和相机，出门散步去！

也是外套衣物的收纳袋，放进大包包里刚刚好！

是装了美味餐点的野餐袋喔！

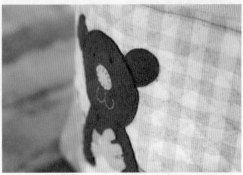

HOW TO MAKE P.125

# 苹果点点
# 可折收纳袋

*"Have a nice day"*,

每天出门时都在心里对自己说，希望今天也是美好的一天！

HOW TO MAKE P.120

文件专用小提袋，可折叠收入包包内！

# 猫咪童趣风牛仔妈妈包

**材料：**

- 印花布45cm×32cm×2片
- 牛仔布45cm×32cm×2片
- 牛仔布45cm×50cm×1片
- 咖啡色织带3cm×48cm×2条
- 各色不织布适量

**做法：**

01 裁剪45cm×32cm×2片印花布，四周需预留1至1.5cm缝份。

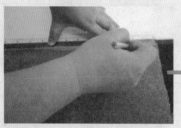

02 裁剪45cm×32cm×2片牛仔布，四周需预留1至1.5cm缝份。

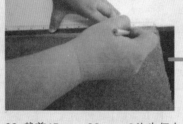

03 准备另一片45cm×50cm牛仔布，如图示先对折，然后对折处朝上，将布固定在其中一片印花布下方，在牛仔布上缘往下16.5cm处车一道线，再依个人需求车三至四道直线，将牛仔布分成四至五格置物口袋。

04 将其中一片牛仔布构图并车缝。

05 将一片印花布和一片有构图的牛仔布正面相对。

06 再将另一片印花布和没有构
图的牛仔布正面相对。

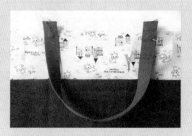

07 将准备好的咖啡色织带固定
于左右记号线内各11cm处，
并车缝固定。

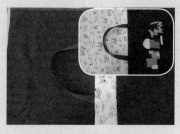

08 再将车好的两组布正面相对。

09 沿记号线车缝固定。

10 于下方做出14cm宽的底车缝，并裁掉多余缝份。

11 在印花布侧面预留10～15cm
返口不车缝。

12 将包包由返口处拉出整烫。

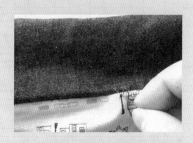

13 再将返口处以藏针缝合即完
成。接着制作别针或吊饰等
装饰物。

14 别针做法：完成构图。

15 车缝。

16 裁剪多余布料。

17 缝上别针即完成。

18 猫咪小吊饰做法：完成脸部构图后，在头部上方夹入棉绳后依记号线车缝，留一返口。

19 车缝完成后将之翻面。

20 塞入棉花。

21 缝合返口，完成吊饰。

# 吊带裤兔兔小提袋

**材料：**

- 兔兔印花布30cm×35cm×1片
- 粉红色格纹布15cm×36cm×1片
- 布蕾丝6cm×30cm×1条
- 蓝色格纹布30cm×60cm×1片
- 米色帆布30cm×60cm×1片

**做法：**

01 米色帆布（A）及蓝色格纹布依直布纹方向裁剪成30cm×60cm×1片（需预留1cm~1.5cm缝份），再对折成30cm×30cm，并在米色帆布上烫衬。

02 兔兔印花布也依直布纹方向，裁剪30cm×35cm一片（上方需各预留1cm~1.5cm缝份），再对折成30cm×17.5cm，再将缝份往内折后整烫（B）。

03 再裁剪15cm×36cm粉红色格纹布一片（请预留缝份1cm）后对折。

04 并在左右下方修饰成圆弧状后车缝并翻面。

05 再将开口处缝份内折1cm后车缝整烫。可加上布蕾丝装饰，完成口袋布（C）。

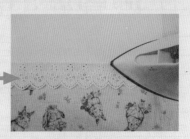

06 如图示依序将（B）片、布蕾丝及口袋布（C）固定在（A）片上车缝固定，车缝完成后整烫。

07 蓝色布上构图后车缝。

08 将构图完成的蓝色格纹布和米色帆布正面相对，再将准备好的米色织带固定于袋口处后车缝。

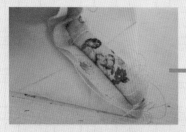  

09 将袋子表布里布正面相对，将左右两侧沿记号线车缝，并做出8cm宽的底，再裁去多余缝份。蓝色格纹布的布一侧边预留10cm~15cm返口不车缝。

10 将包包正面由预留返口处拉出整烫，并将返口缝合即完成。

参照原寸纸型C面

# 半椭圆熊熊提袋

**材料：**

- 灰色熊熊布37cm×38cm×2片
- 橘格纹点点布37cm×38cm×2片
- 橘格纹点点布13cm×18cm×2片
- 红格纹布22cm×15cm×2片
- 红点点布9cm×7.5cm×2片

- 米白色织带3cm×40cm×2条
- 白色扣子×2颗
- 磁扣×1颗
- 构图不织布×适量

**做法：**

01 在橘格纹点点布和灰色熊熊布的背面依纸型画好记号线，预留1cm~1.5cm缝份后裁剪。

02 将四块布料上的褶子依序车缝完成并整烫。

03 准备22cm×15cm红格纹布两块，需预留缝份1cm，再将三边车缝后翻面（可依个人需求加上布蕾丝装饰），开口处缝份往内折1cm后整烫车缝，如此即完成口袋布。

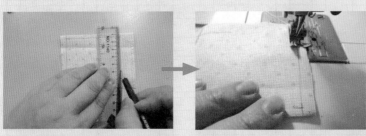

04 裁剪9cm×7.5cm红点点布两片，四周需预留1cm缝份，再依上述做法完成口袋盖布。

05 将口袋置于灰色熊熊印花布中间处并以珠针固定，口袋盖布以珠针固定于口袋上方右侧。

06 如图示以珠针固定后车缝，并在红格口袋布中车一道线将口袋分为两格。

07 完成口袋制作。

08 依图示裁剪13×18cm橘格纹布两块，四周需预留1cm缝份，再依上述口袋做法，将口袋布置中固定在其中一片橘色布上并车缝固定，左右再加上两颗扣子作为装饰。

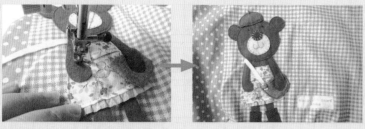
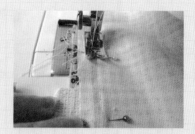

09 在另一片橘色布上构图并车缝固定。

10 将一片橘色布和一片熊熊布正面相对，并将准备好的米色织带固定在左右记号线内约8cm处，再将一棉线固定在袋口中央处，一起车缝。另一组布做法亦同。

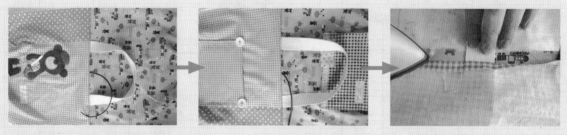

11 如图示顺序将车好的两组布摊开整烫。

12 正面相对摆放，沿记号线车缝一圈。

13 在熊熊布侧面预留10cm～15cm返口不车缝，从返口处将包包正面拉出整烫。

14 红色格纹口袋与口袋盖布上缝上磁扣。

15 缝合返口后即完成。

# 熊熊铺棉束口袋

**材料：**

- 铺棉布30cm×28cm×2片
- 粉蓝格子布30cm×38cm×2片
- 蓝格纹布30cm×5cm×2片
- 小花布30cm×28cm×2片

- 不织布×适量
- 棉绳80cm长×2条
- 织带3cm×32cm×2条

**做法：**

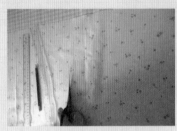

01 取30cm×28cm铺棉布两片，四周各预留1cm～1.5cm缝份后裁下。

02 取30cm×38cm粉蓝小花布两片，四周各预留1cm～1.5cm缝份后裁下。

03 取30cm×38cm粉蓝格子布两片，四周各预留1cm～1.5cm缝份后裁下。

04 在铺棉布上构图并车缝。

05 再取两片小花布做口袋布，先固定在其中一片蓝格纹布上，并在上方构图后车缝。

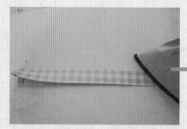

06 再取30cm×5cm蓝格纹布两片，上方各预留1cm缝份后，将左右缝份内折后车缝。

07 依图示将格纹布对折整烫后，车缝于大片的小花布上方。

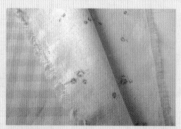

08 将两片小花布正面相对，沿着记号线车缝，并做出12cm宽的底，最后裁去多余缝份，即完成束口袋。

09 将两片格纹布正面相对沿记号线车缝，并做出12cm宽的底，最后裁剪掉多余缝份后，即完成束口袋内袋。

10 将两片铺棉布，沿左右记号线车缝。

11 依图示做出12cm宽的底，最后裁剪掉多余的缝份。

12 铺棉布上方缝份内折、整烫，再套入步骤08完成的束口袋，并将米色织带以珠针固定于束口袋与铺棉袋之间，如图示。

13 以珠针固定袋口，沿铺棉布袋口车缝一圈。

15 将预备好的棉线穿于束口洞内，拉出打结即完成。

# 苹果点点可折收纳袋

**材料:**

- 点点布25cm×34cm×2块
- 牛仔布25cm×34×2块
- 手提织带×1对
- 各色不织布×适量
- 纽扣×适量

**做法:**

01 裁剪25cm×34cm点点布两块（需预留1cm~1.5cm缝份），并烫上布衬。

02 裁剪25cm×34cm牛仔布两块（需预留1至1.5cm缝份）。

03 在两片牛仔布上构图。

04 车缝固定。

05 在两片点点布上构图。

06 车缝固定，并缝上扣子。

07 将其中一片点点布与牛仔布正面相对，并将准备好的红色织带固定其中，再车缝固定，蓝色点点苹果树那一组需于袋口中央加一小段棉线后，再一并车缝固定，作为扣子的扣环。

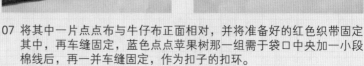

08 再将完成的两组布正面相对，依记号线车缝固定。

09 于牛仔布一侧预留10～15cm大的返口不车缝。

10 再将袋子正面由返口拉出。

11 缝合返口即完成。

12 注意！蓝色点点大象那块布了方需缝上扣子才能扣合喔！

13 蓝色点点苹果树那组两块布的下方都需缝上扣子。

14 有了扣子，折叠收纳时才能扣合。

著作权合同登记图字：01-2012-2758

**图书在版编目（CIP）数据**

机缝双面包 / 小白等著. -- 北京 : 新星出版社,2013.11

ISBN 978-7-5133-1111-3

Ⅰ.①机… Ⅱ.①小… Ⅲ.①布料－手工艺品－制作 Ⅳ.①TS973.5

中国版本图书馆CIP数据核字(2013)第019033号

### 版 权 声 明

本书为精诚资讯股份有限公司-悦知文化授权新星出版社有限责任公司于中国大陆（台港澳除外）地区之中文简体版本。本著作物之专有出版权为精诚资讯股份有限公司-悦知文化所有。该专有出版权受法律保护，任何人不得侵害之。

## 机缝双面包

小白　哈草薄荷猫　黛小比　Amy　RuRu 著

Hally Chen 摄影

**策划编辑**：东　洋

**责任编辑**：汪　欣

**责任印制**：韦　舰

**封面设计**：@broussaille 私制

**版面构成**：张小珊 · 李宜芝

**出版发行**：新星出版社

**出 版 人**：谢　刚

**社　　址**：北京市西城区车公庄大街丙 3 号楼　100044

**网　　址**：www.newstarpress.com

**电　　话**：010－88310888

**传　　真**：010－65270449

**法律顾问**：北京市大成律师事务所

**读者服务**：010－88310800　service@newstarpress.com

**邮购地址**：北京市西城区车公庄大街丙 3 号楼　100044

**印　　刷**：北京市雅迪彩色印刷有限公司

**开　　本**：787mm×1092mm　1/16

**印　　张**：8.5

**字　　数**：29 千字

**版　　次**：2013 年 11 月第一版　2013 年 11 月第一次印刷

**书　　号**：ISBN 978-7-5133-1111-3

**定　　价**：49.00 元

版权专有，侵权必究；如有质量问题，请与出版社联系更换。